我的怡居主义

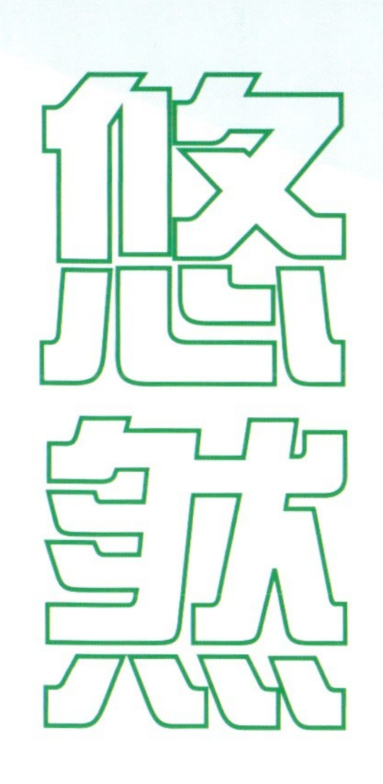

园风

摒弃了繁琐和奢华，强调“回归自然”
散发着浓郁的泥土芬芳
自然朴实的田园风元素扑面而来
自然清新、淳朴淡雅、宁静舒适、舒适原始，舒适的田园气息弥漫其中
田园风格带来自然的质感和清新的氛围
让你切身体验一份日出而作，日落而息的宁静与闲适

深圳市创扬文化传播有限公司 策划
徐宾宾 主编

中国建筑工业出版社

图书在版编目（CIP）数据

悠然田园风 / 徐宾宾 主编.
北京：中国建筑工业出版社，2011.12
（我的怡居主义）
ISBN 978-7-112-13721-3

Ⅰ. ①悠… Ⅱ. ①徐… Ⅲ. ①室内装饰设计—图集
Ⅳ. ①TU238-64

中国版本图书馆CIP数据核字(2011)第224555号

责任编辑：费海玲
责任校对：姜小莲 王雪竹

我的怡居主义
悠然田园风

深圳市创扬文化传播有限公司 策划
徐宾宾主编
*
中国建筑工业出版社出版、发行（北京西郊百万庄）
各地新华书店、建筑书店经销
北京方嘉彩色印刷有限责任公司印刷
*
开本：880×1230毫米 1/16 印张：4 字数:124千字
2012年2月第一版 2012年2月第一次印刷
定价：**28.00**元
ISBN 978-7-112-13721-3
(21511)

目录

Yi Yun Jun

依云郡

设 计 师：段文娟
设计单位：深圳市伊派室内设计有限公司
建筑面积：180m²
主要材料：墙纸、家具、饰品

本案是一个镌刻了许多生活细节的家，无论是室内陈设品，还是墙面的色彩，都让空间富有人情味。乡村田园风格的壁纸，让室内空间充满了闲适的氛围，质朴而舒适的色彩选择，让一个个平常的生活画面显得充满趣味。拱形的门窗贯穿其中，精致的装饰物点缀其间，让人欣赏到地中海沿岸国家的独特风情。在装饰处理上，对尺度、比例、色彩、材料、质感等从根本上进行统一，成为一个有机的整体。浪漫多彩的油画、色彩缤纷的鲜花、青翠的植物、自然优雅的家具和纤巧柔美的灯饰，在蓝、白墙面的配合下，组成了这个温馨而大气的住宅。

【客厅】

将蓝色和白色作为客厅色彩的主调，仿佛能让人感受到蓝天白云的悠闲自在。布艺沙发上绚烂的花朵与窗帘上点缀的小花相得益彰，为空间增添了浪漫的情调。娇艳的各种鲜花、绚丽多彩的油画作品、活泼可爱的布偶，将浓郁的生活情趣渗透到空间中，达到了意想不到的效果。

【餐厅】

设计师运用半穿凿的方式塑造了一个室内的景中窗，摆放上鲜花与植物后，让餐厅变得充满生活趣味。以原木为主要材质的桌椅对应大格栅式的吊顶和古典的铁艺吊灯，将欧洲田园的独特风情巧妙地引入室内，使人仿佛置身于某个古老的庄园中进餐，这样的感觉非常奇妙。

【门厅】

鞋柜百叶门的设计散发出浓厚的欧式风情，在鲜花与植物的陪伴下，打造出令人赏心悦目的门厅。淡褐色的墙面使来访者在进门的刹那能够立刻感受到清新的自然气息；古朴的地砖，使人产生踏实安稳的感觉。这样的门厅，能够让访客对这个住宅充满好感。

【主卧】

淡紫色的墙面搭配简洁朴实的欧式家具，营造出宁静优雅的睡眠环境。镜面的出现让空间显得多样化，不但丰富了卧室的内容，还有助于提升室内的明亮度。花团锦簇的床单，赋予空间无限生机，并让置身其中的人感受到浪漫的魅力。

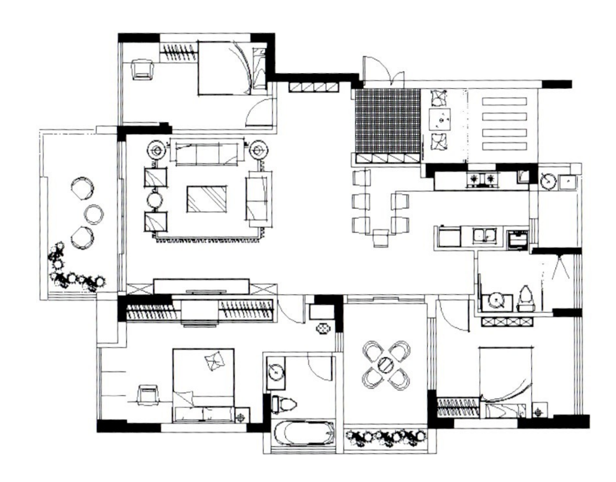

【次卧】

木质的衣柜与原木的地板，以及盛开的鲜花，带来了属于大自然的田园气息，即使足不出户也能感受到那份闲情逸趣。白色的铁艺床和纯白的木桌，营造出纯净平和的生活氛围，红色条纹的床单，为这个安静的空间增加了动态的元素，动与静的结合让卧室的意境更加超然淡远。阳光的加入，带来了一室的明媚。

Shen Ye Xin An Xian

深业新岸线

设 计 师：段文娟
设计单位：深圳市伊派室内设计有限公司
建筑面积：145m²
主要材料：藤艺墙纸、订制木雕花、玻璃马赛克、丙烯颜料、肌理漆、手工砖

蓝色让人联想到辽阔的大海、深邃的天空，走进室内，似乎马上就能感觉到从地中海吹来的清凉海风，浅蓝、深蓝、湖蓝，这三种不同的蓝色，创造了一个属于大海的美丽传说，并让人欣赏到碧海蓝天的精彩。

本案使用的是蓝色和白色搭配的欧式家具，符合整体设计风格的同时也展现出地中海地区的迷人风景，蓝色犹如平静的大海，白色如同干净的沙滩，它们共同演绎出美轮美奂的生活空间。另外，细节之处的设计也可看出设计师的用心，从土耳其风格的拱门、灯具到雕工细致的装饰窗格，再到各个角度摆放的美丽且独特的饰品，都散发着浓烈的异域风情。这样的家，能够让人突破时空的限制，随时感受到海洋世界带来的美好心情。

【客厅】

深蓝色的家具对应浅蓝色的墙面，让人感觉仿佛从深海区走到了浅海区，每一处都拥有亮丽的风景。电视墙上的彩绘与纤巧柔美的烛台交相辉映，搭配线条简洁优美的蓝色家具、手工编织的地毯，展现出异域国度的迷人风情。

【餐厅】

墙面上悬挂的艺术画和照片在灯光的烘托下，显得非常醒目。以花为主题的艺术画与桌上摆放的鲜花相映成趣，虚实之间增添了就餐的情调；主人的照片，记录着每一个甜蜜的时刻，将其放置在空间中，让就餐的氛围变得更加美好。蓝色的欧式桌椅和的窗格，打造出具有地中海情境的餐厅。

【厨房】

厨房采用开放式的设计，仅用马赛克地面将厨房与餐厅区别开，这样做不仅让厨房与餐厅形成了一个整体，还使厨房的空间得到延伸。黑白方格的墙砖，让厨房显得经典时尚；纯白的橱柜，在优雅线条的演绎下，显得唯美动人。这里的厨房成了空间中一处迷人的风景。

【门厅】

绿色的柜子显得清新亮丽，既可以充当鞋柜，又可以存放其他的物品，除了让人看起来很舒心之外，也具有很强的实用性。那色彩梦幻的油画和奇特的海洋饰品，使人领略到自然界的无穷魅力，狭小的空间顿时变得精彩起来。

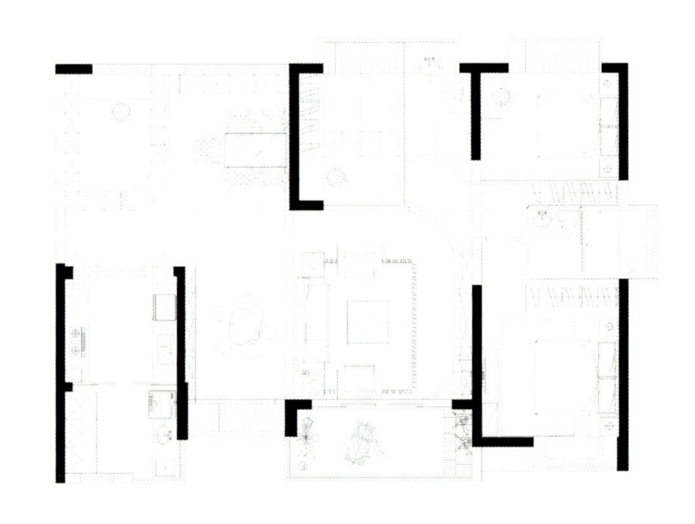

【卧室】

蓝色和白色作为卧室的色彩基调，使人倍感清爽且安心。土耳其风格的拱门在这里作为墙面的装饰，体现出设计师的精巧构思。蓝色的柜子摆放在床头，既可以用来装饰空间，还能存放一些衣物，显得美观又实用。床单上的花纹和床头的彩绘，让宁静的空间中蕴含动态的元素，动静结合的氛围就这样被营造出来。

【卫浴室】

可爱的海星在天蓝色的墙面上攀爬着，让空间充斥着海洋的气息。用褐色瓷砖修饰的盥洗区，不但利于清洁，还使人联想到大地的浑厚，古老的洗脸盆和镜子摆放其中，流露出怀旧的韵味。娇艳的鲜花为空间带来阵阵幽香，使卫浴间充满生机。

Nan Pu Luo Wang Si Xiang Bei

南普罗旺斯向北

设 计 师：非空
设计公司：非空设计工作室
建筑面积：200m²
主要材料及工艺：仿古瓷砖、复合木地板、快涂美、墙体彩绘、实木家具、布艺

设计师致力于打造普罗旺斯风格的自由空间，给业主带来一种“宠辱不惊，看庭前花开花落；去留无意，望天上云卷云舒”的闲适意境。让置身其中的人摆脱生活的桎梏，遗忘纷繁复杂的琐事。

纯白空间中不经意出现的几抹蓝色，犹如平静的海岸，给人带来清凉宁静之感觉。设计师在整个空间中设置了多处嵌入式的置物柜，不仅节省了空间，还增加了收纳空间，美观又实用。圆润厚实的拱门和造型独特的楼梯，在纯白色的演绎下，使人联想到希腊的白色村庄，爱琴海的浪漫被巧妙地融入到空间中，成为本案中不可小觑的看点。本案的另一个重要看点就是露台，在这里的实木地板上，你可以沉浸在一个芳香四溢的阳光世界中，感受着超脱物外的别样境界。

【餐厅】

色彩斑斓的地砖让白色与木色组合而成的餐桌椅以最佳的形式呈现出来，搭配上经典的方格窗帘和精美的餐具、灿烂的鲜花，打造出极富生活趣味的就餐空间。五叶吊扇的下方设计了灯饰，在夏天的夜晚，会带来动感剪影的效果。嵌入式设计的橱柜，有效地提高了空间的利用率；原始的红砖和清新明媚的向日葵彩绘，将纯真自然的田园风光巧妙地请进了室内。

【客厅】

蓝白组合的家具宛如蔚蓝的海岸和白色的沙滩，让人领略到地中海的无限魅力。土黄色的沙发墙和浅褐色的地面，交织出具有浓烈民族色彩的生活空间。室内的灯饰和装饰物，以及所摆放的鲜花，都能极好地体现出地中海沿岸国家的独特风情。抽象的艺术画，使人联想到沉静的夜色，为空间注入了静谧的情境。

【书房】

墙面上描绘的蓝天白云，将人的思绪带到了纯真梦幻的童话世界中，让书房空间显得童趣十足。三角形的书架，像飞翔的白鸽，很有动感。原木构造的展示架与书桌以及地板，使空间透着浓郁的自然气息。

【主卧】

浅蓝色的床在白色纱幔的陪伴下，显得唯美动人；淡黄色的壁纸为卧室增添了几缕温情；蓝色的吊灯如空谷幽兰般展示着超尘脱俗的美感；地板自然的纹理为宁静的空间增加了亲和力。这样的卧室，能够让主人舒缓疲惫的身心，尽情地享受悠闲的时光。

【儿童房】

床头的彩绘将卧室带进了童话世界，让孩子每天都能够在甜美的梦境中遨游；淡蓝色与白色组合而成的家具，传递出自由浪漫的情怀。这样的儿童房不得不让见者动心，住者沉醉。

【卫浴间1】

白色墙面上出现的拼贴马赛克仿佛是冲向沙滩的海浪，让空间环绕着海洋的气息。此外，用马赛克来装饰地面和墙面有着防滑的效果，还使空间变得动感十足。将玻璃作为干湿区的隔断，增加了卫浴间的通透感。

【卫浴间2】

蓝色的地砖犹如蔚蓝的海水，白色的马赛克如同干净的沙滩，一幅美丽的海滨画卷就这样被呈现出来。

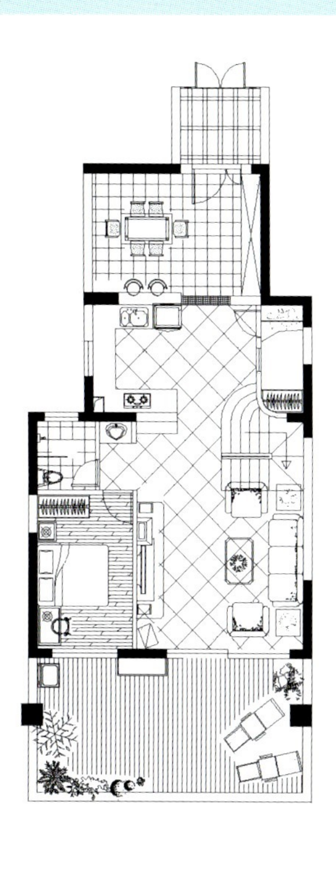

Fu Chun Shan Ju Qiu Zhai

富春山居裘宅

设 计 师：陈海文
设计单位：名居郑陈装饰设计有限公司
建筑面积：480m²
主要材料：碳烧木、松木实木、麦格利饰面、壁纸

走进这个空间，能够迅速地感受到温馨的氛围，因为它的设计很适合生活。透过客厅可以看到餐厅，也可以看到外面的世界，仿佛空间都是连在一起的，让人分不清室内与室外。古铜质地的灯具、华美的欧式家具和精致的茶具，共同展现了主人的高品位生活，搭配餐桌对面墙壁上挂着的能让人感受到田园生活气息的油画，使整个空间充满了温情与舒适的感觉，置身其中，可以让人忘记时间。以鹅黄色为主色调的墙面，在灯光的陪伴下，赋予空间以温馨明朗的生活氛围。徘徊其中，能够产生轻松愉快的感觉，对生活的满足感油然而生。

【客厅】

深绿色的窗幔、浅绿色的绒面沙发与以大红色为主调的窗身、靠垫形成了强烈的对比，鹅黄色墙面恰到好处地配合，使空间产生了不俗的视觉效果。绚烂多彩的油画、雅致的装饰物、生机盎然的鲜花与植物，它们的出现让客厅洋溢着祥和静谧的生活氛围。

【餐厅】

一个巨大的拱门成为客厅与餐厅之间的隔断，让室内空间显得更加通透。餐厅采用经典的欧式设计，华美的家具和色彩缤纷的油画，展现出高品质的生活空间。透明的玻璃门，让室内外空间有效地联系起来，达到了借景的效果，使就餐的环境变得更加优越。

【视听室】

柔软舒适的布艺沙发，能够让坐在上面看电视的人彻底放松心情。浪漫的油画和华丽的窗帘、优质的地毯、精美的小桌，构成了一个很有格调的视听室。

【书房】

这里的家具给人以优雅含蓄之感，低调的颜色、高档的原木材质、优美的线条，在柔和光线的烘托下，打造出富有经典韵味的欧式书房。明媚的阳光透过玻璃窗进入室内，为空间增添温暖的气息。

【卧室1】

每个女孩的心中都有一个公主梦，卧室将这种浪漫的想法体现得淋漓尽致。灿烂的鲜花挥洒到室内的各个物体上，粉色的窗帘和床单，让似水般的柔情在空间中流淌，优美典雅的家具与灯饰散发出迷人的魅力，晶莹的珠帘将空间引领到梦幻般的意境，这样的卧室，让人不禁流连其中，继续未完的美梦。此外，将珠帘作为睡眠区与阅读区的隔断，有着似隔非隔的效果。

【卧室2】

华丽且厚重的窗帘能够有效地遮挡阳光，让置身于卧室中休息的人既能享受到明媚的阳光，又能在昏暗的环境中迅速进入梦乡，一切只在窗帘的掌控之间。精致高档的欧式家具和华美的装饰画，以及朴实的木地板，共同打造出富有质感的卧室。

Tuo Si Ka Na

托斯卡纳

设 计 师：徐鹏程
设计单位：东易日盛长沙分公司
建筑面积：145m²
主要材料：实木地板、墙纸、矿棉板、仿古砖

对于久居都市习惯了喧嚣的现代都市人而言，地中海风格给人们以返璞归真的感受，同时体现了人们对优质生活的追求。

本案的设计是在纯地中海风格中加入了现代人的生活习惯，使空间和谐舒适。使用白色的固定家具搭配深色的活动家具，在色彩上形成鲜明对比，窗帘、墙纸等细部用上浅咖啡色，是对这种深浅对比色的补充，使空间在色彩上不会显得太跳跃。在风格定位上，虽然是欧式，但是有别于传统的古典欧式；在造型上，没有采用罗马柱、壁炉等常见元素，在这里更看不到巴洛克的张扬，细节处采用圆弧处理，使空间看起来更加自然、贴切。古铜质地的灯具，让人联想到地中海的浪漫和神秘。整个空间的设计，成功地营造出纯朴、温馨的生活氛围。

【客厅】

优雅的欧式家具在浪漫花朵的点缀下，展现出令人舒心的美感。曲线柔美的灯饰宛如一个艺术品装饰着空间，散发出的轻柔灯光，赋予空间丰富的表情。电视墙上的瓷砖和镜面，丰富了空间的内容。

【餐厅】

白色的桌椅散发出高雅的气质；拱形的墙面装饰配合素雅的瓷砖和温馨的壁纸，打造出独一无二的餐厅墙。在这样的餐厅里进餐，有一种独特的感受。

【卧室1】

这个卧室的设计展现出浓郁的地中海风情，白色的家具和蓝色的墙面、清爽的条纹窗帘，仿佛是白色的沙滩和碧海、蓝天连成一片，让人无比心动。

【卧室2】

精致的欧式家具搭配唯美的古典壁纸，显得高贵典雅；晶莹的水晶灯，犹如璀璨的明珠照耀着室内，展示出迷人的魅力。座椅上点缀的浪漫花朵与窗帘上灵动的花纹一起，为宁静的空间带来了活力。

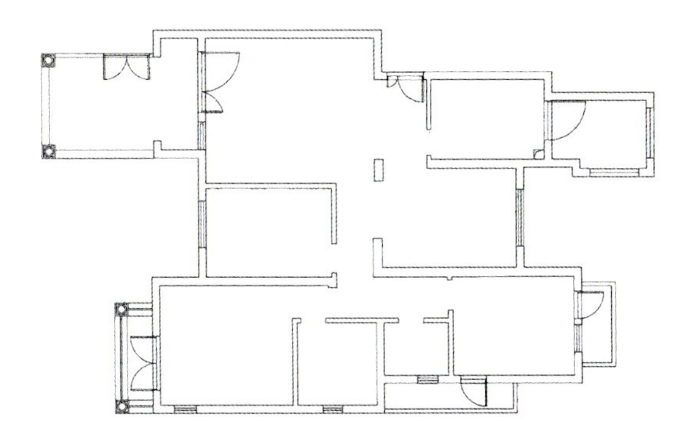

Mei Gui Yuan

玫瑰园

设 计 师：连君曼

设计单位：云想衣裳室内设计工作室

建筑面积：150 m²

主要材料：仿古砖、马赛克、玻璃、水泥漆、水曲柳面板、金钢板、大理石、青石板

"宁静以致远，淡泊以明志"，用这句话来形容这个空间极为恰当，对于在繁华都市中忙碌生活的人们而言，超脱物外的平和心态是那么的难能可贵，而这个家就能帮你实现。

本案的设计师运用田园风格设计空间，给人以清新明媚的感觉。木质的家具和实木的地板，让生活在其中的人感觉到舒服与温馨；以白色为主调，混搭一些绿色的空间，使人有一种安然且新生的感觉；千姿百态的鲜花飘洒到各个地方，带来满室的馨香与浪漫。那一刻才发现，家原来可以如此清爽、如此惬意！

【客厅】

唯美的花朵印在深绿色的布料上，使沙发在自然之中带有高贵的气质，搭配精致的木色茶几与别致的花朵吊灯，对应斑驳的白色电视墙，透着原始的田园气息，置身其中倍感惬意。可爱的玩偶，为客厅增添了童趣。

【餐厅】

绿色的餐椅在纯净的空间中显得格外引人注目，它与实木地板所透露出的清新气息影响着整个空间，让人能够轻松地感受到大自然的美好。为空间量身定制的联体橱柜，既能用来存放物品，也能用来摆放餐具，纯白的色调和优美的轮廓，使这个橱柜显得美观又实用。

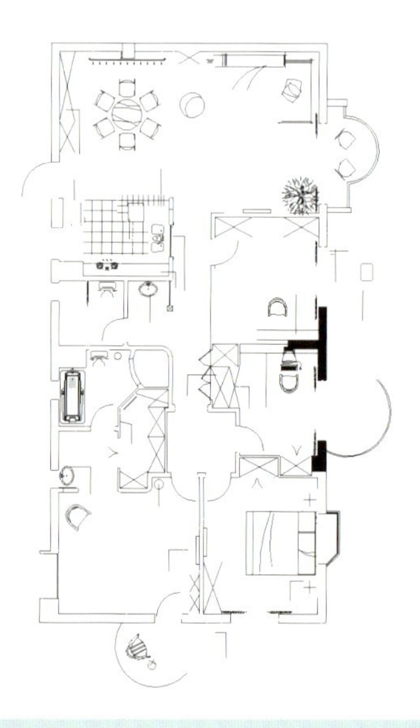

【厨房】

一个具有田园风格的吧台巧妙地成为了厨房与其他空间的隔断，不但合理地利用了空间，还营造出闲适的生活氛围。清新的绿色和纯洁的白色赋予厨房中所有物体以丰富的表情，让烹饪的过程变得轻松活跃。

【门厅】

唯美的白纱、自然的鞋柜、浪漫的碎花壁纸、可爱的挂件，将人们的思绪带到了恬静美丽的自然田园之中。

【主卧】

浪漫的鲜花元素飘洒到空间各处，让卧室环绕着温馨、恬淡的氛围。床头的白色雕花与纱幔，展现出优雅的气质。清淡的色彩，让所有陈设品都显得非常素雅，出现于这个空间中的原木地板，让人产生了一种安心的感觉，这样的卧室，能够使人彻底地放松身心，在只属于自己的空间中尽情享受生活。

【儿童房】

儿童房的设计让人不禁联想到了自己纯真的童年生活，各种亮丽的色彩融合各类可爱的卡通元素，使这个儿童房童趣十足。

Rui Li Feng Qing

瑞丽风情

设 计 师：董龙工作室设计团队
设计单位：南京新思维＆董龙工作室
建筑面积：135m²
主要材料：墙纸、实木地板

阳光照射到空气的水滴里，发生光的反射和折射，形成绚烂无比的彩虹，这就是阳光的魅力，而自然搭配出的色彩，在阳光的陪伴下，展现出无与伦比的美感，本案用简单的设计达到了不凡的效果。

室内柔和的黄色布艺沙发、淡蓝色的墙面、灰白相间的条纹墙纸与黄色的窗帘，都是看似简洁平淡却能让人感到舒适的颜色，它们赋予空间中的物体无穷的魅力。阳光透过白纱洒进室内，休闲的午后，是三五好友相聚的时刻，这片温暖的小天地，能使人深深地体味到生活的美丽。宽敞的窗台上，可以随意地看书、听音乐、喝茶，不用去管那些站立行走的规矩礼仪，彻底放松自己，这样的生活，是何等的惬意呀！

【客厅】

通过狭长的门厅首先看到的是客厅和餐厅，客厅简洁的设计之中透着清淡的自然气息。黑白条纹的沙发墙对应点缀着花朵图案的电视墙，展现出动静结合的极致美感。原木质地的家具搭配实木的地板，给人带来宁静的感觉。柔软舒适的碎花座椅，搭配上亮丽的鲜花，让安静的空间顿时充满生机。

【餐厅】

餐厅采用现代简约风格设计，打造出简洁雅致的就餐空间。白色的座椅与金属材质的扶手，显得纯洁冷静；餐桌的玻璃桌面，增加了空间的通透感；淡雅的鲜花，为餐厅带来一缕幽香；垂泻而下的吊灯，有效地提升了空间的格调。

【卧室1】

纯白的欧式家具，宛如一个优雅的贵妇，展示着迷人的风采；点缀着紫色花朵的壁纸，营造出浪漫的生活氛围；粉色的窗帘，让人领略到似水般的柔情；精致唯美的灯具，体现了主人不俗的品位。这样的卧室，能够使人彻底放松心情，迅速进入甜美的梦乡。

【卧室2】

将木色作为卧室的色彩基调，有利于营造宁静舒适的睡眠环境。阳光透过玻璃窗洒入室内，带来温暖的气息，试想一下，有阳光陪伴的清晨，是怎样一种惬意呀！

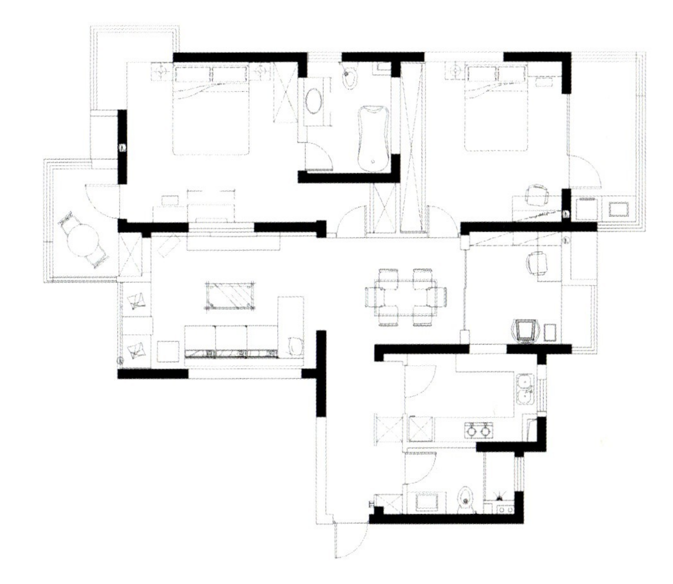

【卫浴间】

古朴的墙砖让空间流露出怀旧的韵味，欧式风格的储物柜展现出富有质感的空间。窗户的设置，不仅有利于空气的流通，还让室内享受到温暖的阳光。有阳光陪伴的植物，此刻也显得格外有生机，为空间带来了清新的气息。

Li Pai

立派

设 计 师：陈禹
设计单位：陈禹空间设计研究室
建筑面积：147m²
主要材料：橡木实木、布鲁斯特墙纸、立邦乳胶漆

犹如一抹淡彩的住宅通常能够给人带来轻松恬淡的生活体验，本案的设计师运用大量的淡色系元素，成功地将这种美好的感觉表达出来。

在这个清淡的空间中，黑色的皮质沙发和床，以及褐色的地毯成了其中的几道重色，浓淡和谐相融，不但打破了空间的单调性，还丰富了视觉的内容。频繁出现的橡木材质，使整个空间弥漫着清新的自然气息。绿色的植物盆栽和白色的鲜花，为室内注入了生机与活力。阳光透过玻璃窗进入居室，与淡雅的室内装饰交集后，营造出温馨明亮的生活氛围。

另外，墙面设计是这个空间的亮点，每个功能区的墙面都功能性十足，比如，客厅电视墙就收纳了展示空间，餐厅的背景墙也延伸出大型组合柜，卧室的书柜也是沿着墙面滋生出来的。每个墙面都有丰富的内涵，让空间显得内蕴十足。

【客厅】

客厅的色彩以素净为准则，变幻的淡绿色壁纸、实木的复合地板、洁白的墙面都在色彩上彰显着清新亮丽。黑色的大型沙发出现在素净的空间中，感觉尊贵严肃，而点缀其中的绿意，则有效地平衡了沙发带来的厚重感。客厅电视墙是客厅中的一大亮点，同时具有展示功能和收纳功能，美观又实用。

【餐厅和厨房】

餐厅与厨房连成一体，使两个功能区的使用面积能够互借，加上明媚的阳光与浅色调的融合，使空间显得宽敞明亮。原木的餐桌搭配淡蓝色的座椅，使人感受到自然界的清新爽目。如此纯净的餐厅和厨房，一定能给人带来悠闲、轻松的生活体验。有着精美镶边的镜子，柔美的轮廓与清冷的色调，显示出不同寻常的美感，增强了空间的魅力指数。

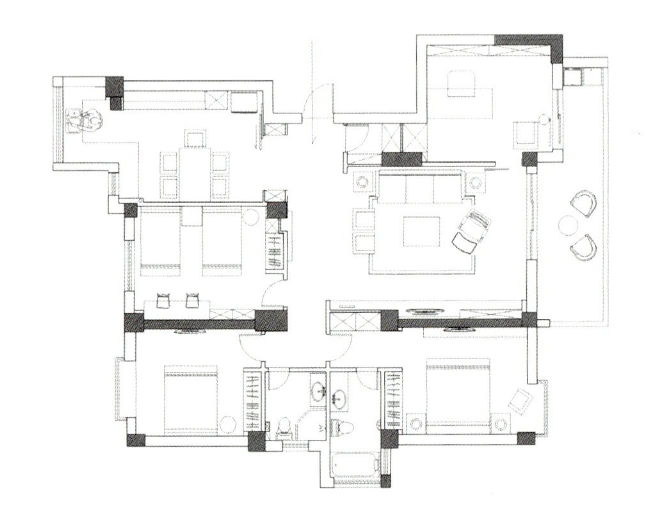

【主卧】

主卧床头墙面的装饰是设计中的点睛之笔，生机勃勃的枝条为这个宁静的室内带来了充足的活力，也带来了动人的自然之美，使空间洋溢着浪漫的生活气息。夜幕降临时，台灯所散发出的幽黄灯光，赋予空间无限温情，此刻的床头则变得唯美迷人。黑色的床座与白色的床品形成鲜明的对比，嵌入式的衣柜有效地节省了空间，简单的陈设加强了卧室的宽敞效果。

【儿童房】

深浅蓝色原点构成的壁纸显得动感十足，清爽的蓝色为儿童房增添了亮丽的色彩。色彩斑斓的床单与地毯配合卡通图案，为空间带来了纯真的童趣。原木质地的家具和实木的地板，为室内注入清新的自然气息，淳朴的木本色，营造出温馨舒适的睡眠氛围。此外，为空间量身定制的办公桌和衣柜，最大程度地利用了有限的空间。

【书房及休闲区】

这是一个橡木构造的世界，返璞归真的木本色使人的心态变得宁静安然，在阳光与书香的陪伴下，将人的思绪牵引到一种美妙的意境之中。为空间定制的书柜与电视柜，有效地提高了空间的利用率，使书房与休闲区看起来井井有条。

Tong Hua Sen Lin

童话森林

设 计 师：董龙工作室设计团队
设计单位：南京新思维＆董龙工作室
建筑面积：180m²
主要材料：进口墙纸、实木地板

在这个日益喧嚣的都市里，每个人都希望将家变成属于自己的一片净土。

本案就是一个可以令人忘却烦恼的家，以粉紫色为主色调的主人房，配搭可爱的圆床、缀满鲜花的窗帘，足以满足每个女孩子儿时的公主梦。

楼梯的地板是原木色的，与纯白的栏杆搭配，充满了森林小屋的味道——原始、朴实。一楼的客厅则洋溢着田园的清新气息：粉色碎花布艺沙发，背后是一片绿色点缀的背景墙，挑高的天花板上，挂满了一条条的原木横梁，森林的味道随之而出，即使身处家中，也能感受到大自然的无限惬意。

【客厅】

描绘着大量植物的壁纸搭配青翠的植物，使人犹如置身于热带丛林之中；碎花的布艺沙发，将花团锦簇的美感融入到空间中；纯白的家具显得优雅唯美；原木的吊顶，展现出独具风格的欧洲情怀；充满生机的向日葵，使人联想到意大利南部的向日葵花田。这样的客厅，将乡村田园的美丽风情——请进室内，达到了不俗的效果。

【餐厅】

洁白的雕花隔断，显得灵动唯美，为宁静的餐厅增添了动感的元素。素雅的桌布搭配纯净的桌椅，以及浪漫的薰衣草，将优雅的氛围演绎到了极致。雪白的壁炉配合充满异域风情的饰品，打造出不可比拟的就餐空间。

【主卧】

这是一个用粉紫色打造出的浪漫卧室，碎花的窗帘和缀满花朵的床单，以及淡雅的鲜花，以不同的形式将浪漫的元素渗透到空间中，让这个卧室产生极为梦幻的感觉，摆放于其中的可爱圆床，将主人的公主梦演绎到底。

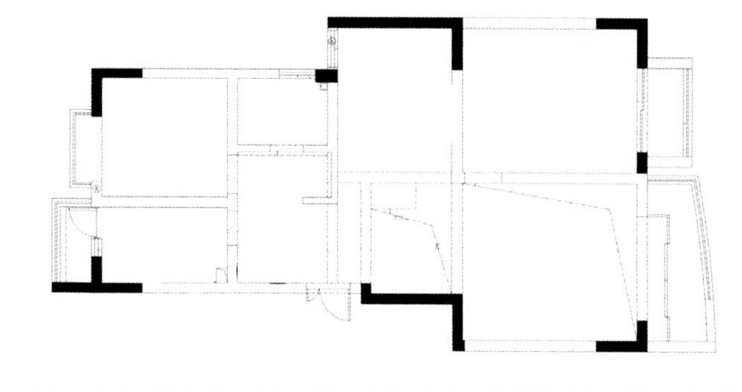

Mi Lang

米朗

设 计 师：陈禹
设计单位：陈禹室内空间设计工作室
建筑面积：117m²
主要材料：进口壁纸、橡木饰面板、ICI乳胶漆

本案采用简约的设计，大量运用素雅的色调，意图打造出简洁宁静的生活空间。室内所有物体的线条都极为简单，色彩也特别清淡，除使让空间显得干净整洁之外，还给人带来非常舒服的感觉，疲劳的情绪在这样的空间中迅速得到舒缓，令人倍感惬意。此外，浅色系的运用，能够使空间增加宽敞感，使这个住宅显得宽阔明亮。

设计师在空间中设置了大量的储物柜和展示架，无论是悬空的设计，还是嵌入式的设计，都是合理利用空间的一种体现，也让这个住宅变得更加实用。

【客厅】

这是一个极为清淡的客厅，素雅的色彩配合简单的线条，让家具和展示架显得干净、利落。富有生活气息的艺术品，让这个简约的空间显得不简单。悬空而设的展示架，有效地提高了空间的利用率。

【厨房】

五颜六色的马赛克墙面是空间中唯一的亮色，为纯净的空间带来了动态的元素，使厨房的气氛变得十分活跃。白色的橱柜与吧台，显得干净、整洁。

【餐厅】

餐厅给人的第一感觉是素净，然后是纯美，简洁流畅的线条让白色的桌椅和储物柜显得清丽脱俗。绿色植物的恰当地点缀其中，为这个纯净的空间增添了一缕生机。

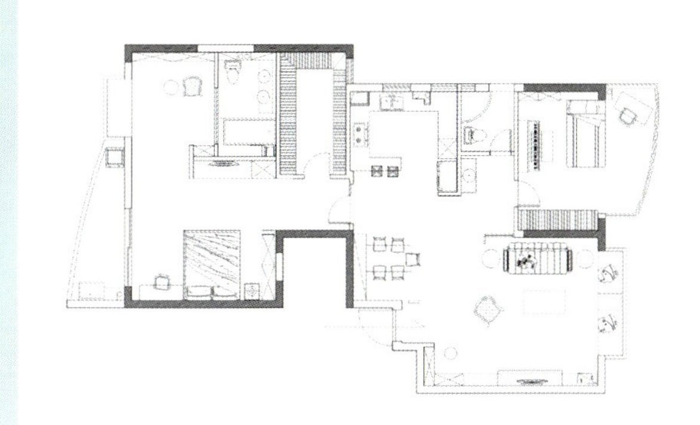

【主卧】

为卧室量身定做的联体柜，不仅可以用来放置物品，还能用来存放衣物，显得方便又实用。素雅的色彩，让整个空间显得宁静平和；轻柔的布料，赋予物体柔软舒适的触感，安逸的睡眠环境就这样被营造出来。

【卫浴间】

清淡的色彩赋予室内物体典雅的气质，并营造出轻松的氛围，能够缓和人的疲劳情绪。在洁白的浴缸中泡个澡，平静的心灵感受让你体验到生活的惬意。

Zi Yang
紫阳

设 计 师：陈禹
设计单位：陈禹室内空间设计工作室
建筑面积：150m²
主要材料：白蜡木实木地板、ICI乳胶漆、红砖、镀锌板烤漆

这个住宅给人的第一感觉就是清新、淡雅，颇有莲花清丽脱俗的风韵，让看惯了浓艳色彩的人们耳目一新，这样的家相信会有许多人喜欢。

令人舒服的各种淡色被设计师打碎后融入到空间中，使每一个功能区都拥有各自的精彩之处。柔和的淡黄色，让空间环绕着温馨的气氛；清新的粉绿色，犹如一缕清风飘进室内；梦幻的浅紫色，营造出浪漫典雅的生活氛围。实木地板和木制家具恰到好处地配合，富有生活气息的装饰物适当地点缀，构成了一个令人倍感亲切且舒适的空间。此外，细节处的设计，处处体现着生活的味道，增强了空间的影响力。

走进室内，能够闻到淡淡的香味，绚烂的鲜花展现着妖娆的姿态，翠绿的植物显得生机勃勃，在它们的陪伴下，空间显示出超然淡远的美感。

【客厅】

客厅的设计是整套住宅中的一大亮点。黄色墙漆和红砖组合而成的沙发墙，让空间在温馨之中透着一种朴实感，艳丽的鲜花与清雅的花瓶点缀其间，加上仙人掌和水果的陪伴，使客厅极具生活气息。紫色的布艺沙发是清淡空间中的一抹重色，避免空间因过多淡色而产生单调感。电视墙的设计体现得别具匠心，一扇淡雅的窗户滑开之后，电视机以“千呼万唤始出来”的形式出现在人的视野中，令人印象深刻。

【餐厅】

在厨房与餐厅的隔墙上设置了一个窗户，不仅增加了空间的生活趣味，还让两个空间有效地联系在一起。由浅黄色和绿色组合而成的餐厅墙，让餐厅在温馨之中透着清新的自然气息。乳白色的桌椅搭配淡紫色的鲜花，使就餐的空间变得纯净而平和。

【厨房】

淡淡的绿色橱柜宛如新生的植物，赋予空间鲜活的生命力，使厨房围绕在一片生机之中。浅黄色的墙砖，为这个清新的空间带来了温暖的气息，并具有一定的耐脏能力，利于厨房的清洁。

【书房】

粉绿色的墙面搭配淡紫色的木门与储物柜，当清新的色彩遇到梦幻的颜色，将会造就出富有童话趣味的生活空间。金属材质的桌椅，在红色地砖的衬托下，显示出悠闲的姿态，在某个闲暇的午后，邀约几位好友在此品茶聊天，享受着温暖的阳光和淡雅的花香，感受着生活的美好。

【卧室1】

粉嫩的紫色让这个卧室显示出如梦境般的美感；明媚的阳光透过玻璃窗进入室内，带来满室的温暖；室内简洁的设计，令卧室显得宁静纯美；朴实的木地板，让人感到安心；唯美的白纱裙与舞鞋，令人不禁联想到女主人翩翩起舞的动人模样。这样的卧室，将梦里的意境带到了真实的生活中，显示出不凡的魅力。

【卧室2】

在暖黄色的空间中摆上纯白的家具，让整个卧室在温馨的氛围中流露出唯美的气质。那可爱的卡通枕头与装饰物，不仅成为空间中的几抹亮色，还为室内增添了不少童稚的趣味。

【卧室3】

“清水出芙蓉，天然去雕饰”，用这句美丽的诗词来形容这个卧室恰如其分，无论是清新的淡绿色，还是温馨的浅黄色，抑或是纯净的白色，均赋予空间的物体和墙面以魔力，营造出极佳的休息氛围，让身处其中的人得以卸下满身的疲惫，在如此恬淡的空间中感受宁静的美好。

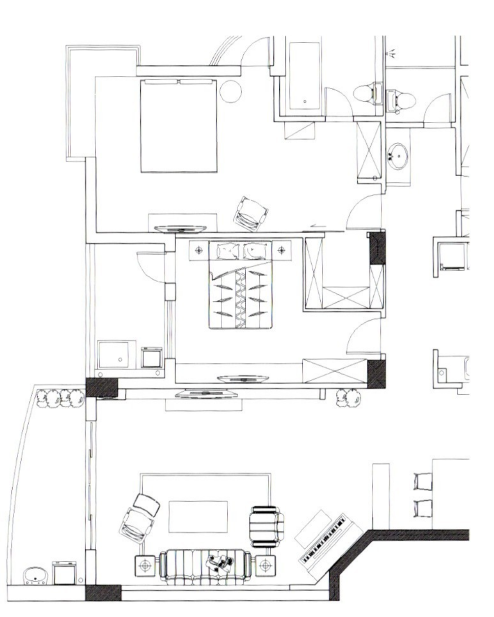

Lv Se Xia Wu Cha

绿色下午茶

设 计 师：非空
设计单位：非空设计工作室
建筑面积：180m²
装饰材料：仿古瓷砖、复合木地板、快涂美、手绘墙

童话世界中的家园总是那么的浪漫、梦幻，本案的设计师将这种美好的感觉融进了住宅中，达到了绝佳的效果。这是一个色彩斑斓的家，设计师将各种颜色挥洒在空间中，使整个空间看起来像一幅巨大的水彩画，让居住在其中的人感到无比惬意。清新夺目的橄榄绿、明快温馨的鹅黄色，搭配上斑驳的红砖、点缀着浪漫花朵的沙发与窗帘、白色与木色组合的家具，加上一些可爱的小饰品与青翠的植物，将人的思绪带到了遥远的欧洲田园之中，淳朴自然里透着一丝恬淡，在喧闹的都市中能有这样的一个家，是何等的享受呀！试想一下，在悠闲的午后，品一口清茶，感受着那份难得的闲情逸致，那刻才发现，生活原来可以如此美好！

【餐厅】

简单的线条勾勒出极富质感的桌椅，白色与自然色的搭配使其显得宁静平和，原木的材质散发出清新的自然气息，这样的餐桌椅让就餐的环境变得极具亲和力。浪漫的碎花窗帘与柔和的暖色墙面，为空间带来温情的氛围。

【客厅】

橄榄色墙面与斑驳红砖的组合，将人的视野带到淳朴的乡村田园之中；青翠的植物与绽放的鲜花，让人感受到勃勃生机；点缀着花朵的沙发与窗帘，使空间显得浪漫温馨；以鲜花为主题的装饰品，为空间渗入了艺术的气质。新颖独特的电视墙，显示出浓厚的生活气息。这样的客厅能够令人迅速放松身心，找寻到愉快、安然的感觉，不禁陶醉其中。

【厨房】

客厅与厨房之间以一个吧台作为隔断，不仅合理地利用了空间，还让两个功能区隔而不断。草绿色的吧台，为空间注入生机与活力。厨房内的物品井然有序地摆放着，方格状的墙砖，透露出经典的韵味，白色的橱柜，显得纯净唯美，狭小的厨房显示出不平凡的魅力。

【书房】

绿色的墙面让人感受到春天的气息，为空间带来无限生机。用红砖和木板堆砌而成的书架与书桌，展示出乡村田园的淳朴风情，为空间量身定做的形式，有效地提高了空间的利用率。色彩缤纷的相框与室内摆放的艺术品、各类书籍一起，打造出一个丰富多彩的书房。

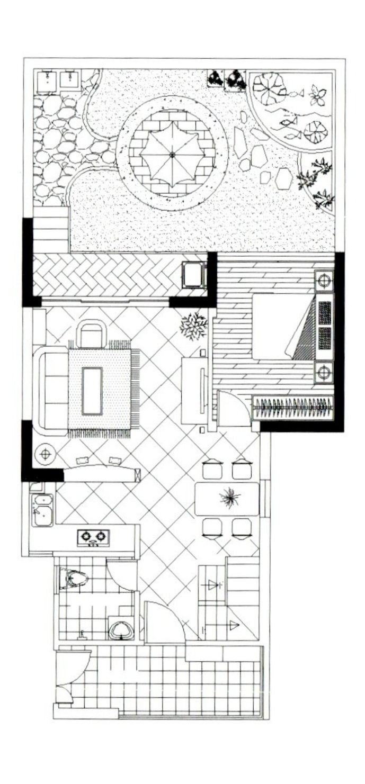

【主卧】

弥漫着鲜花的卧室，再配以优雅的白色家具、实木的地板，将一种浪漫的情怀演绎到了极致。阳光透过白色的纱帘进入室内，带来一室的温馨。

【次卧】

素雅的艺术画、唯美的碎花窗帘、优雅的白色铁艺床、深浅蓝色构成的条纹床单，打造出一个宁静雅致的卧室。

【卫浴间1】

绿色与白色瓷砖构成的墙面，能从视觉上缓和人的疲劳情绪。用五颜六色的马赛克拼合成的盥洗区，不仅显得醒目，还为空间增添了生活趣味。古铜质地的喷头，流露出怀旧的韵味。

【卫浴间2】

盥洗台下的绿色储物柜与绘有植物图案的白色收纳柜，不仅让空间显得美观，还能存放大量物品，不会使卫浴间显得凌乱。那如瀑布般倾泻而下的珠帘，不但让卫浴间与其他功能区似隔非隔，还为空间带来如梦般的美感。

Shu Shi Ping He Zhi Jun

舒适平和之郡

设 计 师：C.DD设计团队
设计单位：C.DD（尺道）设计师事务所
建筑面积：136m²
主要材料：木材、墙纸、乳胶漆

本案的设计不追求浮华凛冽，要的是淡定舒适。简约的华丽，色系效果素雅和谐，空间中巧妙地采用借景的手法，使有限的空间加以延伸，内外景色连成一片，并将富有创造力的艺术品贯穿其中，营造出水墨画的意境，使本案具有一种独特的美感。

墙面与地板的木纹材质极富质感，色彩一致，显得浑然一体，散发出浓厚的自然气息。门厅处的吧台用细条栅栏隔断，既保护了独立空间的私密性，又显得古朴通透。木饰面墙壁上装饰的明镜，不但增强了空间的延展性，扩大了视线范围，还增加了室内的通透性，丰富了空间的内容。客厅的设计是空间中的一大亮点，沙发背景墙的设计让人眼前一亮，黑色的鱼形装饰品在白色幕布的衬托下，极富视觉冲击力，并将一份闲情逸致融入到空间中，有利于轻松氛围的营造。这样的居室，让置身于其中的人感受到前所未有的惬意与平和。

【客厅】

客厅中沙发背景墙的设计让人眼前一亮，黑色的鱼形装饰品在白色幕布的衬托下，极富视觉冲击力，并将一份闲情逸致融入到空间中，有利于轻松氛围的营造。柔软舒适的布艺沙发，在浓重色彩的诠释下，显得成熟稳重。自然色的木饰面，散发出清新的气息，与质朴的地板一起，使客厅变得很有亲和力。电视嵌入木纹隔板中，不仅节省了空间，还简化了居室的繁复。

【餐厅】

造型简洁的餐桌椅，在黑白两色的演绎下，流露出经典的韵味，那座椅上点缀的素雅花朵，为空间加入了一些浪漫的气息。清雅的木格栅、纯朴的木饰面与地板，使人领略到中式田园的风采。透亮的镜面，不但丰富了空间的视觉效果，还有助于提升室内光度，在灯光与木制材料的配合下，营造出充满温情的就餐氛围。

【书房】

木本色是一种返璞归真的田园色彩，将其作为书房的基本色调，能够使身处其中的人产生平和的心态。在这个用淳朴的实木构建出来的空间里办公，可以随时感受到清新的自然气息，有益于身心健康。采用墙体与格栅相结合的方式来隔断书房和客厅，不但加强了空间的穿透性，还缓解了书房的单调感，一举两得。

【卧室】

床头的装饰很特别，一片没有叶子的树林令人眼前一亮，光秃的枝丫有着一种苍凉的美感，向上伸展的姿势则显示出积极的人生观，它在空间中起到了画龙点睛的作用。灰色和白色作为卧室的主要色调，营造出宁静淡雅的睡眠氛围。飘窗的合理利用，使卧室中多了一处品茶聊天之地，狭小的空间被设计师设置得很有情调，闲暇时刻在此处度过，真是妙哉！此外，两扇巨大的深灰色柜门，犹如一面墙壁出现在卧室，使衣柜得以巧妙地隐藏于空间中。

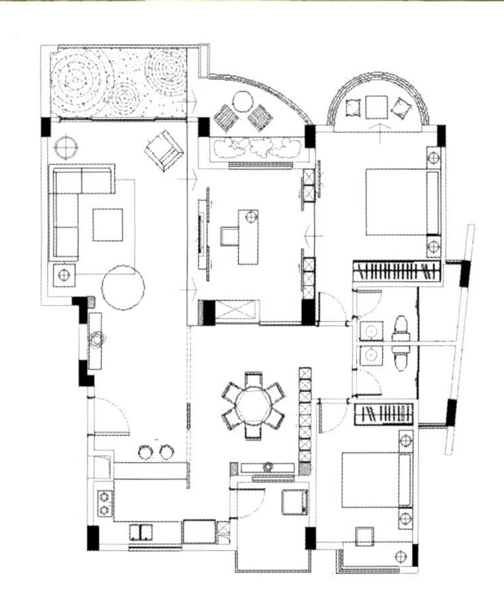

Yi Sheng Ju

逸生居

设 计 师: 曾九和

设计单位: 百安居南山分公司

主要材料：乳胶漆、墙纸、橡木复合地板

本案位于深圳前海闹市区，为避开城市中央的繁闹与喧嚣，以闹中取静，休闲、舒适为设计思路，采用欧式新古典主义的设计风格，整体空间氛围褪去了古典主义厚重的外壳，取消了旧古典主义繁杂的造型，用简练的线条勾勒出丰富的空间，分明的轮廓使整个空间显得温馨舒适，还原了生活的本色。

软装饰方面，如华丽的窗帘、精美的灯具，以及绚丽多彩的油画等装饰物贯穿其中，起到了点睛的作用，并为淡雅的生活空间增添了几分奢华的色彩。此外，随处可见的植物盆栽和各类花卉，让高雅的空间融入了生活的气息，显得更加温馨宜人。幽黄的灯光和明亮的灯光分别为不同的功能区营造出不同的氛围，使人见识到了光源的魅力。

【客厅】

优质的面料搭配纯白的色彩、柔美的线条，构成了极为典雅的欧式家具。沙发坐垫和靠垫上的优雅花朵与地毯上的鲜花图案互相辉映，赋予空间浪漫的氛围。壁纸上的古典花纹对应上绚丽多彩的油画，突显出主人对品质生活的追求。精美的灯具散发出幽黄的灯光，让客厅迅速充满温情。

【餐厅】

纯白的欧式餐桌椅和橱柜，以及千姿百态的鲜花，在灯光的烘托下，显得更加优雅动人。橱柜上的镜子，不仅可以用来整理妆容，还能提升室内空间感。餐厅内摆放的绿色植物与油画中的森林形成鲜明对比，以虚实相生的形式，让人感受到大自然的精彩，望着可餐的秀色，品味着美味的食物，这样的餐厅怎能令人不爱。

【过道】

黑白调的摄影作品，让人欣赏到逝去岁月的沧桑美感，将其作为装饰物点缀过道，让狭长的空间充满生活的气息。用古典花纹壁纸来装饰墙面，搭配上这些黑白照片，可以提升整体空间的格调。

【书房】

书房内的陈设虽然很少，但遮挡不住它高雅的气质，无论是优雅的家具，还是意境深远的艺术画，抑或是精美却低调的灯具，都为屋主营造出良好的工作氛围。

【卫浴间】

光线很弱的卫浴间由于镜面的出现而变得不再沉闷，玻璃门的出现增加了空间的通透感和明亮度，透亮的镜子丰富了空间的内容。素色的瓷砖与白色的盥洗台，则为空间带来了纯净的美感。

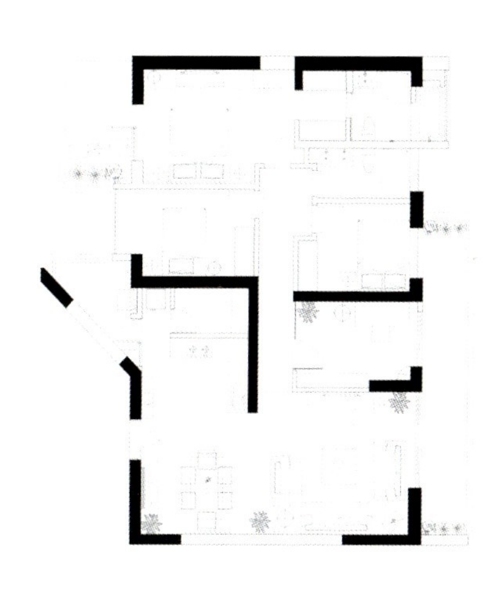

Du Shi Xiang Cun

都市乡村

设 计 师：非空
设计单位：非空设计工作室
建筑面积：130m²
主要材料：仿古瓷砖、复合木地板、快涂美、手绘墙、实木家具、布艺

在繁华喧闹的都市中拥有一个宁静安逸的家，是许多人梦寐以求的，这个住宅就能满足人的这种需求。本案中，暖黄色与乳白色组合而成的墙面和桌椅，让人感受到温馨、纯净的居家氛围；空间中随处可见的那一抹蓝色，配合周围的环境，不仅显示出一种干净、纯粹的美感，还使人领略到碧海蓝天的风采；以半穿凿和全穿凿形式塑造的景中窗，为住宅增添了生活情趣；原木质地的家具与地板，透露出清新的自然气息；贯穿其中的多彩鲜花与绿色植物，为室内带来阵阵清香，也让空间显得很有情调；富有生活气息的装饰画与艺术品，提升了空间的整体格调……通过设计师的精巧构思，宁静舒适的家就这样完美地呈现了出来。

【餐厅】

简洁布置的餐厅，没有繁杂的桌布和多余的装饰物点缀，摆放的是简朴的家具和素雅的餐具、盛开的鲜花，它们在古老吊扇的陪伴下，展现出富有情调的就餐空间。餐厅与厨房之间半穿凿形式的隔断，以及斑驳的红砖和光秃的树枝，将淳朴的乡村田园风光巧妙地请进了室内，是空间中的一大亮点。

【客厅】

客厅里天蓝色的沙发和电视柜，显示出一种干净、纯粹的美感，在暖黄色和白色组合而成的墙面的配合下，让人领略到碧海蓝天的风采。造型简单的素色家具搭配上美丽的装饰物、纯白的地毯后，散发出从容淡雅的生活气息。

【阳台】

在某个悠闲的午后，置身于鲜花点缀的阳台上，约上几位友人，品一杯清茶，在缭绕着茶香的空间里，尽情地享受片刻的悠闲，这样的惬意生活让人不禁沉醉其中。

【主卧】

以黄色为主调的墙面，让卧室环绕着温馨的气息，实木家具和复合木地板的采用，使空间更具亲和力。精致优雅的铜质灯具与室内悬挂的艺术画，打造出极富格调的空间。窗帘与床单上的方格图案，赋予空间经典的韵味。

【厨房】

用木板拼合而成的天花在灯光的烘托下，赋予空间温馨的氛围。纯白的橱柜不仅显得优雅唯美，还能收纳大量的厨房用品，使空间看起来整洁、干净。淡绿色的墙砖，宛如一缕清风飘进室内，让人感受到自然界的精彩。

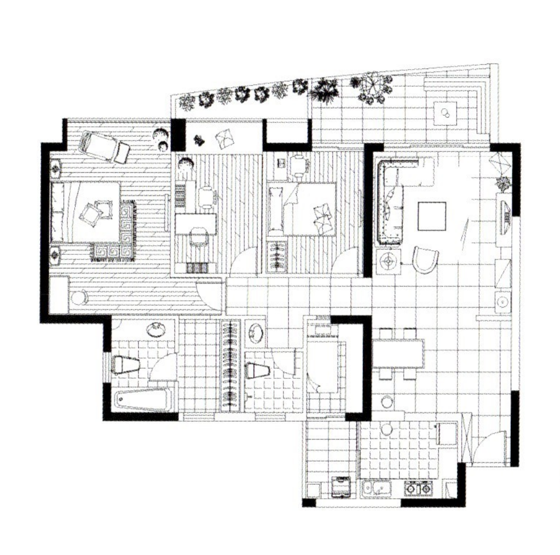

Yang Guang Sen Lin —Lv Se Tian Yuan

阳光森林—绿色田园

设 计 师：非空
设计单位：非空设计工作室
建筑面积：90m²
主要材料：仿古瓷砖、复合木地板、快涂美、手绘墙、实木家具、布艺

为了能在90m²的空间里制造出四房两厅的住宅，设计师对其进行了很大的改造，“抢”了很多空间出来。首先，设计师改造了入户花园，划分出餐厅和鞋帽间区域。在靠近厨房门的地方摆上餐桌和冰箱，相比原始户型设置得更加合理化和人性化。进门处的树形门厅，把室外野趣大胆地引入室内，保留了入户花园的功能。其次，设计师把公共空间尽量放大，半开放式的起居空间互相渗透，分而不隔，例如，推倒原来客厅背后一大半墙体，连续的几个大拱门，让室内空间豁然开朗。客厅、餐厅、入户花园、鞋帽间浑然一体，没有这扇墙阻隔视线，视觉空间比原来放大了一倍。其次，设计师加宽了走廊的宽度，也是放大空间的一种延续手段。此外，浅色系的大量使用，不仅为空间带来优雅的气质，还可增加空间的宽敞感。

【餐厅】

客厅与餐厅之间仅用一个矮墙作为隔断，使这两个功能区隔而不断，矮墙之上能够搁置物品，是合理利用空间的一种体现。白色的木质桌椅在红砖堆砌的矮墙的衬托下，让人领略到淳朴的乡村田园风情。盛开的黄玫瑰，在充满异域风情的花瓶的陪伴下，展现出富有格调的生活。飘逸的白纱帘，增添了空间的浪漫情调。

【客厅】

色彩的和谐搭配，营造出轻松活泼的生活氛围；点缀着花朵的布艺沙发，显得无比浪漫；明媚的阳光穿过玻璃窗进入室内，迎合上素雅的窗帘和明朗的黄色墙面，带来一室的温馨。客厅中摆放的精美饰品和灿烂鲜花，突显出主人的雅致生活。电视墙上的彩绘，将自然界的美丽风景巧妙地请进了室内，展示着清新夺目的美感。

【书房】

用红砖和白色木板堆砌组合而成的书架与书桌，显得创意十足，不但增强了有限空间的实用性，还为书房加入了自然质朴的风格。宽敞的飘窗，被设计师规划成了休闲区，在阳光的陪伴下品茶、看书，或是与好友畅谈人生，这样的生活是何等的惬意！

【公卫】

设计师把公共卫生间的墙向里推进并进行分区，盥洗台被独立出来，洗手如厕互不干扰，功能和美观都照顾到了。

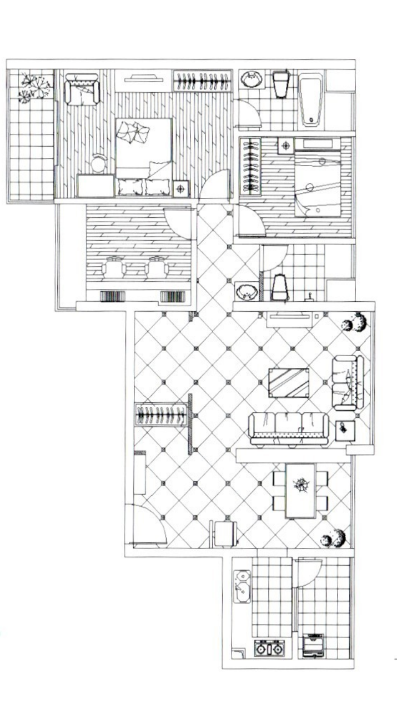

Fei Feng Ge Zhu Yi Jia

非风格主义家

设 计 师：田芬
设计单位：重庆十二分装饰工程设计有限公司
建筑面积：230m²
主要材料：杉木实木板、天然锈板、水曲柳面板、复古木地板、铁艺、布艺

这个住宅能够给人带来温暖、舒适的感觉。深浅不一的黄色被挥洒到空间中，带来了家的温情；圆形拱门以及回廊采用数个连接的方式，在走动观赏中，出现延伸般的透视感；红褐色的欧式家具，带来一种大地般的浩瀚感觉；复古的木地板，斑驳的天然纹路，宛如岁月留下的痕迹，有着一种沧桑的美感；轻柔的光线，赋予室内物体生动的表情，让空间充满情调；古铜质地的灯具，优美的曲线展示出艺术的魅力，深沉的色调透露出怀旧的情怀；少而精的装饰品，为居室增添了精彩。徘徊其中，静静地品味着这样美好的生活空间，有着一种前所未有的满足感。

另外，客厅与餐厅仅半墙之隔，而厨房与餐厅则采用开放式的设计，于是，这三个不同的功能区被有效地联系在一起，让空间显得更加明朗开阔。

【客厅】

质朴的实木地板搭配暗色的欧式家具，原本会给人带来沉稳的感觉，但明黄色墙面和印花座椅的出现，使客厅显得清新明快。天然砖石拼合而成的壁炉，配以青瓷和国画，中西文化的完美融合，带来不拘一格的视觉感受。

【餐厅】

餐厅的开放式设计，使就餐的空间变得更加宽敞。原木质地的桌椅和古铜色的吊灯，都在优美线条的演绎下，显得别具风情。柔和的光源，让餐厅变得很有情调。

【厨房】

开放式的厨房给家人更多交流的机会，也使人在烹饪时可以欣赏到家的风景，让做饭的过程变得轻松愉悦。白色的橱柜，能够使厨房看起来更加干净、整洁，还可以从视觉上增加空间的宽敞感，令狭小的厨房不会显得拥挤。

【卧室】

深色的欧式风格家具和厚重的窗帘，让空间显得庄重沉稳，而暖色的墙面和幽黄的灯光，以及床单上浪漫花朵等元素的出现，打破了空间的沉闷感，使卧室拥有了温馨的氛围。

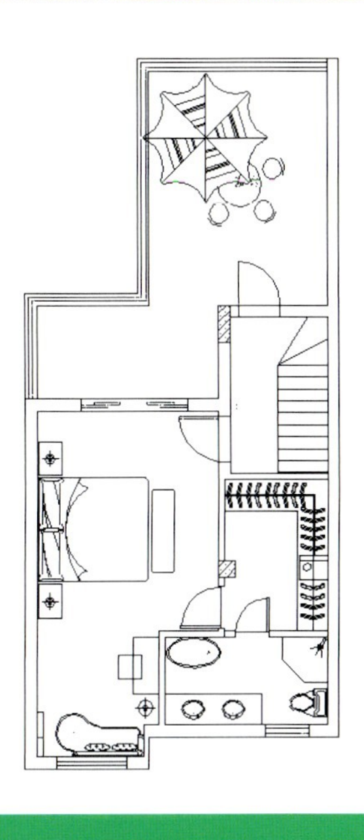

Feng Lai Man Wu Xiang

风来满屋香

设 计 师：非空
设计单位：非空设计工作室
建筑面积：78m²
主要材料：仿古瓷砖、复合木地板、快涂美、手绘墙、实木家具、布艺

这是一个浪漫且富有生活气息的家，设计师凭借深厚的设计功底和对生活的独特感悟，创造出带有田园风光的居家空间。缤纷的色彩被挥洒到各个空间中，带来不同的视觉感受，清新的绿色，宛如初生的生命让空间充满生机；淡淡的黄色，为室内带来了温暖；热情的红色，展现出积极奔放的人生观；冷静的蓝色，使人在炎炎的夏日感受到一丝清凉。纯朴自然的原木家具，天然的纹理令人倍感舒心，搭配上设计师精心挑选的饰品，将家的氛围营造得亲切恬静。随处可见的鲜花和植物，不但为居室增加了情调，还带来了阵阵清香。漫步其中，仿佛身处于欧洲的美丽田园之中，心情格外舒畅。

【客厅】

绿色的墙面与室内摆放的花卉、植物一起，带来了大自然的亲切问候；纯朴自然的原木家具和纯白的布艺沙发，组成了宁静舒适的客厅；巨大的落地窗，不仅让明媚的阳光轻易地进入室内，还让客厅的空间得以延伸，并将阳台上的美丽风景借入室内，使客厅仿佛转移到了某个田园之中。

【餐厅】

敞开的白色小窗是餐厅中的一大亮点，摆放于窗前的鲜花使其更具风情。墙面上悬挂的玩偶为餐厅增添了童趣，未经雕琢的原木桌椅展现出原始的美感，缠绕着花朵的吊灯流露出浪漫的气息，这样的餐厅，让人感到赏心悦目。

【顶棚】

千娇百媚的鲜花以艺术的形式将春天的气息引到室内，柔和的灯光使其显得更加生灵活现。

【卧室】

红色的墙面显示出热情奔放的青春活力，以鲜花为主题的艺术画为空间增添了浪漫的气息，点缀着蝴蝶的锦质吊灯隐隐传递出具有东方特色的神韵，白色的家具和唯美的布艺显得温馨典雅，这些陈设共同构成了一个精美绝伦的卧室。

Mei Shi Xin Xiang Cun Feng Ge

美式新乡村风格

设 计 师：向东姝
设计单位：圳鎏想向（北京）装饰艺术设计有限公司
建筑面积：160m²
主要材料：进口墙纸、仿古地面砖、涂料

本案设计是对美式新乡村风格的一次完美演绎。设计师充分利用各种花卉植物、具有异域风情的饰品、极具田园气息的壁纸、带有自然韵味的家具以及精美的铁艺制品等，打造了一个舒适、浪漫、温暖的家。绿色的窗纱与室内的绿色植物相映成趣，又添加了几许生机。

儿童房的设计是本案的一大亮点，以蔚蓝色为主色调，结合淡雅的白色以及运动色彩的装饰品，使该空间完全满足了儿童灵动、活泼好动的需求。

【客厅】

皮质沙发柔软舒适，含蓄保守的色彩及造型，尽显乡村的朴实。

【餐厅】

红色木桌有着简化的线条、粗犷的体积、自然的材质摒弃了繁琐与奢华，古典中带有一点随意。再配以绿色植物，使整个空间带有大自然的韵味，毫不矫揉造作。

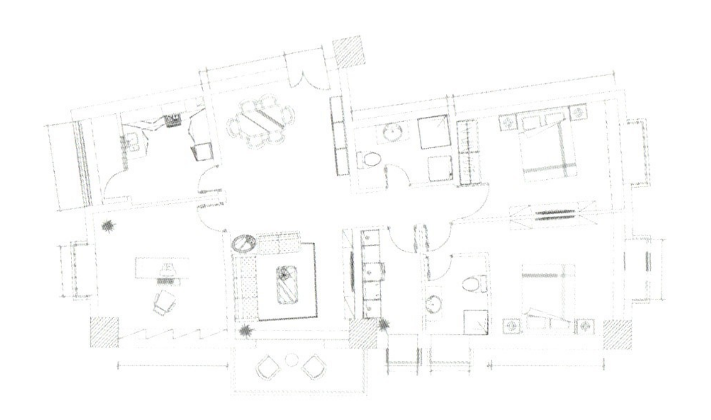

【厨房】

厨房色调明亮、干净利落，并装有各式橱柜，收纳空间大大增加，实用并且美观。

【书房】

书桌位于墙的一角，安静舒适，以避开不必要的打扰。

【卧室】

红色的墙面显示出热情奔放的青春活力，以鲜花为主题的艺术画为空间增添了浪漫的气息，点缀着蝴蝶的精致吊灯隐隐传递出具有东方特色的神韵，白色的家具和唯美的布艺显得温馨典雅，这些陈设共同构成了一个精美绝伦的卧室。

Xiang Jiang Shi Ji Cheng

湘江世纪城

设 计 师：王帅
设计单位：北京东易日盛长沙分公司
建筑面积：148 m²
主要材料：木制吊顶、多层实木地板、墙纸、圆拱

书香宅居，午后的日照倾泻在原木地板上，坐在藤制的摇椅上安然地享受着这份宁静，一颗超然平静的心在此时展露无疑……

本案是以简约、质感见长，并巧妙地运用西方现代概念，展现出中西合璧的完美效果。依据业主的要求，设计师采用多种形式的圆拱，镶嵌在纯白的现代墙面上，使得整体空间跳跃却又和谐相融。规则的木制吊顶让空间通透扩张，彰显出高调、文雅的品位。与此同时，自然色的木制家具与浪漫风格的壁纸搭配，让室内空间充满清新的田园风情，抹去了空间的单独沉闷感，并体现出家居的精致与宁静。

设计师在饰物的配置上也有所讲究，中式红陶瓷茶具、欧式灯具、玻璃质感的摆饰、西洋挂饰以及大小绿植的穿插运用，无形中软化了古典和现代的硬朗格局，突显出整个家的灵动与生机，让特有的清新返璞归真于书香之家的浪漫与温馨。

【客厅】

规则的木制吊顶与原木质地的家具，传递出令人倍感舒心的自然气息，艺术画中的自然风景与室内摆放的鲜花、植物一起，赋予空间无限生机。沙发坐垫上的花纹，打破了空间的沉静感，为客厅带来了动感的元素。柔和的灯光，让空间充满温情的同时，还使素雅的地砖显得极为古朴，散发着独特的韵味。

【餐厅】

朴实自然的餐桌椅配合规则的木质吊顶，能够让就餐的人感到恬淡；精美的桌旗与玻璃饰品，使餐厅显得很有情调；拱形的墙面、原始的墙砖，将空间带入到古老的时空之中；如梦似幻的白色纱帘，为餐厅增添了一缕柔情。这样的餐厅，会使人误以为是在美丽的田园中进餐，这种奇特的感觉，能够增加人的食欲。

【书房】

原木的书柜与书桌透着淡淡的自然气息；美丽的壁纸在灯光的烘托下，显得更加浪漫唯美；绿色的条纹窗帘，犹如摇曳着的树木。它们的完美组合，构成了一幅迷人的田园画卷。

【卧室】

灯光在卧室中起着很重要的作用，合适的光线能够促进人的睡眠，这里的灯光以恰到好处的方式为空间营造了温馨的氛围。木制的艺术吊顶与原木的家具、地板一起，打造出充满自然气息的休息空间；那唯美的壁纸和浪漫多彩的油画，增加了卧室的美观度，高品质的生活空间就这样被呈现出来。

【卫浴间】

用玻璃进行干湿功能区的分区，可增加空间的通透感。墙面的下围和地面都使用深色的地砖，比较耐脏；墙面上半部分出现的黄色墙砖，有效地缓和了空间的沉闷感。

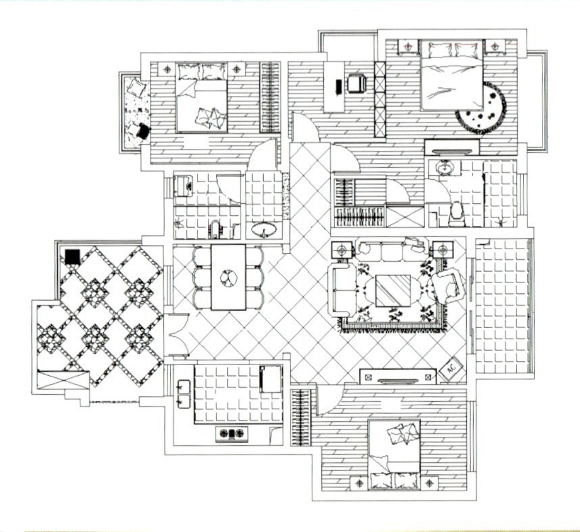